DIVISION
4TH GRADE MATH ESSENTIALS
Children's Arithmetic Books

BABY PROFESSOR
EDUCATION KIDS

Speedy Publishing LLC
40 E. Main St. #1156
Newark, DE 19711
www.speedypublishing.com
Copyright 2016

All Rights reserved. No part of this book may be reproduced or used in any way or form or by any means whether electronic or mechanical, this means that you cannot record or photocopy any material ideas or tips that are provided in this book

Long Division

Long Division step by step

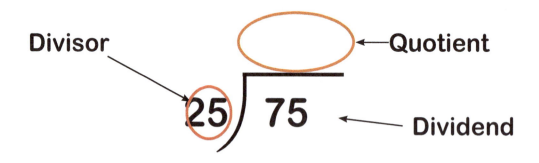

- The first digit of the dividend (7) is divided by the divisor.
  7 ÷ 25 = 0
  The whole number result is placed at the top. Any remainders are ignored at this point.

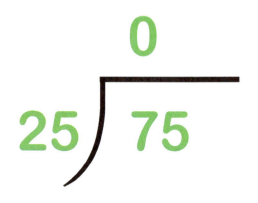

- The answer from the first operation is multiplied by the divisor. The result is placed under the number divided into.
  $25 \times 0 = 0$
  Then subtract the bottom number from the top number.
  $7 - 0 = 7$

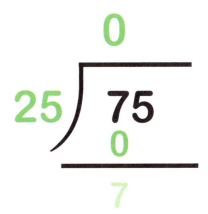

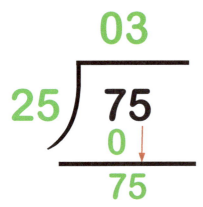

- Bring down the next digit of the dividend.

- Divide this number by the divisor.
  75 ÷ 25 = 3

- The whole number result is placed at the top. Any remainders are ignored at this point.

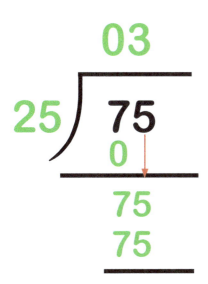

- The answer from the previous operation is multiplied by the divisor. The result is placed under the last number divided into.

  25 × 3 = 75

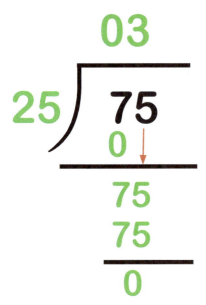

- Now we subtract the bottom number from the top number. 75 - 75 = 0

- There are no more digits to bring down. The answer must be 3.

Example:

$$25\overline{)425}$$

$$\begin{array}{r}017\\25\overline{)425}\\0\\\hline 42\\25\\\hline 175\\175\\\hline 000\end{array}$$

Set 1

1) 13)598

2) 43)903

3) 78)7566

4) 21)357

5) 30)870

6) 77)7546

7 $23\overline{)391}$

8 $29\overline{)1160}$

9 $17\overline{)1122}$

10 $11\overline{)308}$

11 $13\overline{)520}$

12 $86\overline{)6364}$

⑬ 45)2655

⑭ 50)1150

⑮ 65)3640

⑯ 13)663

⑰ 80)7760

⑱ 28)420

⑲ 90)2340

⑳ 65)3250

㉑ 99)4059

㉒ 56)2128

㉓ 85)1615

㉔ 22)528

㉕ 61)3416

㉖ 91)5551

㉗ 38)1444

㉘ 75)6300

㉙ 39)2964

㉚ 68)4692

Set 2

❶ 67)̄4623

❷ 88)̄5016

❸ 98)̄2352

❹ 75)̄1200

❺ 28)̄2660

❻ 23)̄414

⑦ 55)1540

⑧ 36)972

⑨ 24)2376

⑩ 64)2048

⑪ 39)2106

⑫ 44)4092

⑬ 9)̄468

⑭ 4)̄96

⑮ 4)̄84

⑯ 9)̄135

⑰ 5)̄235

⑱ 8)̄456

19) 4)204

20) 5)165

21) 5)205

22) 7)413

23) 5)320

24) 7)196

㉕ 80)1600

㉖ 45)2700

㉗ 93)5208

㉘ 20)740

㉙ 18)630

㉚ 65)2145

Set 3

❶ 78)156

❷ 45)180

❸ 33)198

❹ 82)492

❺ 90)360

❻ 27)27

⑦ 47)̄47

⑧ 24)̄24

⑨ 43)̄86

⑩ 72)̄288

⑪ 81)̄243

⑫ 19)̄76

⑬ 42)2142

⑭ 81)6804

⑮ 84)2688

⑯ 61)3172

⑰ 53)4452

⑱ 69)2484

⑲ 60)5760

⑳ 10)600

㉑ 43)4042

㉒ 17)1564

㉓ 80)3280

㉔ 35)2240

㉕ $83\overline{)8217}$

㉖ $67\overline{)2546}$

㉗ $89\overline{)6319}$

㉘ $62\overline{)5580}$

㉙ $61\overline{)3111}$

㉚ $50\overline{)3250}$

Set 4

1. $88\overline{)1672}$

2. $71\overline{)3479}$

3. $14\overline{)448}$

4. $62\overline{)1364}$

5. $48\overline{)1680}$

6. $53\overline{)4346}$

❼ 97)8536

❽ 60)2160

❾ 53)2120

❿ 76)912

⓫ 13)793

⓬ 53)2809

⑬ 32)2080

⑭ 18)936

⑮ 74)3034

⑯ 36)1764

⑰ 35)3255

⑱ 73)1825

⑲ 64)6080

⑳ 77)5852

㉑ 55)3410

㉒ 60)2400

㉓ 10)130

㉔ 63)3717

㉕ 93)7905

㉖ 78)4446

㉗ 48)3168

㉘ 69)6003

㉙ 94)4794

㉚ 38)2698

Set 1

① 78)156 = 2
② 45)180 = 4
⑦ 47)47 = 1
⑧ 24)24 = 1
⑬ 45)2655 = 59
⑭ 50)1150 = 23

③ 33)198 = 6
④ 82)492 = 6
⑨ 17)1122 = 66
⑩ 11)308 = 28
⑮ 65)3640 = 56
⑯ 13)663 = 51

⑤ 90)360 = 4
⑥ 27)27 = 1
⑪ 81)243 = 3
⑫ 19)76 = 4
⑰ 53)4452 = 84
⑱ 69)2484 = 36

⑲ 90)2340 = 26
⑳ 65)3250 = 50
㉕ 61)3416 = 56
㉖ 91)5551 = 61

㉑ 99)4059 = 41
㉒ 56)2128 = 38
㉗ 38)1444 = 38
㉘ 75)6300 = 84

㉓ 85)1615 = 19
㉔ 22)528 = 24
㉙ 39)2964 = 76
㉚ 68)4692 = 69

Set 2

1. 67)4623 = 69
2. 88)5016 = 57
7. 55)1540 = 28
8. 36)972 = 27
13. 9)468 = 52
14. 4)96 = 24

3. 98)2352 = 24
4. 75)1200 = 16
9. 24)2376 = 99
10. 64)2048 = 32
15. 4)84 = 21
16. 9)135 = 15

5. 28)2660 = 95
6. 23)414 = 18
11. 39)2106 = 54
12. 44)4092 = 93
17. 5)235 = 47
18. 8)456 = 57

19. 4)204 = 51
20. 5)165 = 33
25. 80)1600 = 20
26. 45)2700 = 60

21. 5)205 = 41
22. 7)413 = 59
27. 93)5208 = 56
28. 20)740 = 37

23. 5)320 = 64
24. 7)196 = 28
29. 18)630 = 35
30. 65)2145 = 33

Set 3

① 78)156 = 2
② 45)180 = 4
⑦ 47)47 = 1
⑧ 24)24 = 1
⑬ 42)2142 = 51
⑭ 81)6804 = 84

③ 33)198 = 6
④ 82)492 = 6
⑨ 43)86 = 2
⑩ 72)288 = 4
⑮ 84)2688 = 32
⑯ 61)3172 = 52

⑤ 90)360 = 4
⑥ 27)27 = 1
⑪ 81)243 = 3
⑫ 19)76 = 4
⑰ 53)4452 = 84
⑱ 69)2484 = 36

⑲ 60)5760 = 96
⑳ 10)600 = 60
㉕ 61)3416 = 56
㉖ 91)5551 = 61

㉑ 43)4042 = 94
㉒ 17)1564 = 92
㉗ 38)1444 = 38
㉘ 75)6300 = 84

㉓ 80)3280 = 41
㉔ 35)2240 = 64
㉙ 39)2964 = 76
㉚ 68)4692 = 69

Set 4

① 88)1672 = 19

② 71)3479 = 49

⑦ 97)8536 = 88

⑧ 60)2160 = 36

⑬ 32)2080

⑭ 18)936

③ 14)448 = 32

④ 62)1364 = 22

⑨ 53)2120 = 40

⑩ 76)912 = 12

⑮ 74)3034

⑯ 36)1764

⑤ 48)1680 = 35

⑥ 53)4346 = 82

⑪ 13)793 = 61

⑫ 53)2809 = 53

⑰ 35)3255 = 93

⑱ 73)1825 = 25

⑲ 64)6080 = 95

⑳ 77)5852 = 76

㉕ 83)8217 = 99

㉖ 67)2546 = 38

㉑ 55)3410 = 62

㉒ 60)2400 = 40

㉗ 89)6319 = 71

㉘ 62)5580 = 90

㉓ 10)130 = 13

㉔ 63)3717 = 59

㉙ 61)3111 = 51

㉚ 50)3250 = 65

www.ingramcontent.com/pod-product-compliance
Lightning Source LLC
LaVergne TN
LVHW070830281224
800066LV00014B/1238